BEI GRIN MACHT SICH IHR WISSEN BEZAHLT

Florian Carlsen

Relativitätstheorien Albert Einsteins - verständlich erklärt

GRIN Verlag

Bibliografische Information der Deutschen Nationalbibliothek:

Die Deutsche Bibliothek verzeichnet diese Publikation in der Deutschen National-
bibliografie; detaillierte bibliografische Daten sind im Internet über http://dnb.d-
nb.de/ abrufbar.

Impressum:

Copyright © 2010 GRIN Verlag GmbH
Druck und Bindung: Books on Demand GmbH, Norderstedt Germany
ISBN: 978-3-640-77293-3

Dieses Buch bei GRIN:

http://www.grin.com/de/e-book/163076/relativitaetstheorien-albert-einsteins-ver-
staendlich-erklaert

GRIN - Your knowledge has value

Der GRIN Verlag publiziert seit 1998 wissenschaftliche Arbeiten von Studenten, Hochschullehrern und anderen Akademikern als eBook und gedrucktes Buch. Die Verlagswebsite www.grin.com ist die ideale Plattform zur Veröffentlichung von Hausarbeiten, Abschlussarbeiten, wissenschaftlichen Aufsätzen, Dissertationen und Fachbüchern.

Besuchen Sie uns im Internet:

http://www.grin.com/

http://www.facebook.com/grincom

http://www.twitter.com/grin_com

Gymnasium Dresden Cotta

Fachbereich Physik

Komplexe Leistung

im Leistungskurs Physik 12/4
erstes Halbjahr

Thema: *Einblick in die allgemeine und spezielle*
Relativitätstheorie Albert Einsteins

erstellt von: Florian Carlsen

Inhaltsverzeichnis

Anmerkungen zur Arbeit

Zitiertechnik

In der Arbeit sind sinnliche und wörtliche Zitate mit kleinen, hochgestellten, grünen, kursiven Zahlen versehen, welche im Literaturverzeichnis den entsprechenden Quellen zugeordnet werden. Dies geschieht kapitelweise. Daher sind Doppelbelegungen der Zahlen möglich und dienen der besseren Übersichtlichkeit. Ergänzungen, Einschübe beziehungsweise Auslassungen sind durch eckige Klammern gekennzeichnet.

Eingeleitet werden die Zitate mit folgendem Zeichen: ««

beendet werden die Zitate mit diesem Zeichen: »»

Beispiel:
Das Gebäude der Wissenschaft war nahezu komplett, *«sodass nur noch ein paar Türmchen und Zinnen hinzukämen [...]»*[1]

Fußnoten

Die Nummerierung der Fußnoten erfolgt ähnlich wie die der Zitate. Fußnotenvermerke erscheinen ebenso in hochgestellten Zahlen, doch sind diese schwarz sowie nicht kursiv.[1]

Besonderheiten der digitalen Version

Bei dieser Arbeit existiert neben der gedruckten Ausgabe auch eine digitale Version in Form eines interaktiven PDF's. Durch einen Klick auf hochgestellte[1] oder besonders markierte Zahlen 1, gelangt man direkt zu deren jeweiligen Referenz. Dies gilt auch für das Inhaltsverzeichnis und soll die Navigation innerhalb der Arbeit erleichtern.

---

[1] Beispiel Fußnote

1 Einleitung

1.1 Die neue Physik des 20. Jahrhunderts

Im Jahre 1905 revolutionierte die spezielle Relativitätstheorie eines bis dahin weitgehend unbekannten und unauffälligen Schweizer Beamten, der als technischer Prüfer dritter Klasse arbeitete, «ein Antrag auf Beförderung zum technischen Prüfer zweiter Klasse wurde kurz zuvor abgelehnt»,[1] die gesamte physikalische Welt. Jene war bis dahin die Meinung, dass das Gebäude der Wissenschaft nahezu komplett war, «sodass nur noch ein paar Türmchen und Zinnen hinzukämen [...]»[2]. Sein Name war *Albert Einstein*. Trotz dieser beeindruckenden Leistungen, welche er gänzlich selbständig, unabhängig und ohne Zugang zu umfangreichem wissenschaftlichen Material erbrachte, erhielt er den Nobelpreis jedoch erst 16 Jahre später im Jahr 1921. Als Begründung für die Verleihung wurde nicht explizit seine Leistung an den Relativitätstheorien genannt, sondern vielmehr erhielt er den höchsten Preis der Wissenschaft in Physik für «[generelle] Verdienste in der theoretischen Physik. Explizit wird als Begründung allein Einsteins Erklärung des Photoeffekts genannt.»[3] Die Inhalte der speziellen und allgemeinen Relativitätstheorie spielten bei der Verleihung nur eine Nebenrolle.

Einsteins Entdeckungen führten zur nahezu endgültigen[1] Verwerfung der Äthertheorie hin zu einer neuen Vorstellung von Raum und Zeit. In der Geschichte der Physik haben sich jedoch schon viele Theorien und Ansichten als falsch oder ungenau erwiesen. Deshalb sollte man nicht den Fehler machen und von einer absoluten Lösung der Raum - Zeit Problematik ausgehen. Es gilt vielmehr die gewonnenen Erkenntnisse der Relativitätstheorien als einen weiteren Schritt in Richtung eines besseren Verständnisses für die Vorgänge in unserem Universum zu betrachten. Einstein selbst verließ sich bei der Entwicklung seiner Theorien auf seine unglaubliche Intuition und war bereit die Dinge aus einer anderen Perspektive zu betrachten, obwohl die von ihm beschriebenen Phänomene gänzlich im Gegensatz zu unseren Erfahrungen im Alltag stehen.

---

[1] Es gibt auch heute noch einige Anhänger der Äthertheorie

1.2 Die Ziele der Arbeit

Die Arbeit verfolgt grundlegend das Ziel, die allgemein als unverständlich geltenden Ideen und Gedanken der Relativitätstheorien verständlich aufzuarbeiten. Unter anderem wird auf die spezielle Relativitätstheorie Einsteins, auf die bis dahin noch weitgehend existierenden Ätherfrage, sowie auf die klassischen Vorstellungen von Raum und Zeit eingegangen. Des Weiteren soll die Arbeit Herleitungen für die Phänomene der Zeitdilatation und der Längenkontraktion liefern, sowie die Relativität der Masse anschaulich darstellen. Dabei wird auf die auftretenden Phänomene bei jenen Körpern eingegangen, deren Geschwindigkeiten sich der Lichtgeschwindigkeit nähern und die Relativität der Bewegung in Abhängigkeit vom jeweiligen Betrachter dargestellt. Ebenso soll die damit verbundene berühmte Gleichung Einsteins

$$E = mc^2$$

ausführlich auf deren Inhalt untersucht werden, sowie die aus ihr resultierenden Erkenntnis der Äquivalenz von Masse und Energie in der Praxis überprüft werden. Es gilt zu hinterfragen, ob die Lichtgeschwindigkeit wirklich die höchst mögliche Geschwindigkeit im Universum ist und was eine theoretische Überschreitung für Auswirkungen hätte. Einstein veröffentlichte aufgrund zahlreicher Kritiken an der speziellen Relativitätstheorie bereits 1917 eine allgemeine Form der speziellen Relativitätstheorie. Diese gilt es ebenso auf deren Inhalt zu überprüfen. Sie liefert eine völlig neue Vorstellung von der Verbindung des Raumes mit der Zeit. Die Gravitation wird sich als ein Phänomen und Resultat einer gekrümmten Raumzeit erweisen, was unsere Vorstellungskraft auf eine neuartige, ungewohnte Wiese beanspruchen wird.

Die Arbeit fungiert auch als Grundlage für ein anschließendes Referat, welches ein Teil der komplexen Leistung ist. Dieses wird im Kursverband vorgetragen, um dem Kursverband einen Einblick in die Relativitätstheorien Einsteins zu ermöglichen.

2 Vorstellungen von Raum und Zeit

2.1 Inertialsysteme

2.1.1 Definitionen

Um ein Inertialsystem erklären zu können, ist es notwendig die drei Axiome Newtons zu formulieren, da jene kennzeichnende Eigenschaften eines Inertialsystems darstellen und noch häufiger in der Arbeit Verwendung finden werden.

2.1.1.1 Newtons erstes Axiom

«Jeder Körper beharrt in seinem Zustand der Ruhe oder der gleichförmigen Bewegung, wenn er nicht durch einwirkende Kräfte gezwungen wird, seinen Zustand zu ändern.» [1]

Dieses erste Gesetz stellt das Trägheitsprinzip dar und gilt nur in den später definierten Inertialsystemen. Somit ist die Geschwindigkeit $\vec{v}$ eines Körpers stets in Betrag und Richtung konstant.

$$\vec{v} = konst.$$

Eine Rotation fällt damit, auch wenn sie mit konstanter Geschwindigkeit erfolgt, nicht unter dieses Gesetz, da sich der Richtungsvektor stets ändert.

2.1.1.2 Newtons zweites Axiom

«Die Änderung der Bewegung einer Masse ist der Einwirkung der bewegenden Kraft proportional und geschieht nach der Richtung derjenigen geraden Linie, nach welcher jene Kraft wirkt.» [1]

Das zweite Gesetz stellt das Beschleunigungsprinzip dar. Es besagt, dass jeder Körper, auf den eine Kraft einwirkt, beschleunigt wird. Dabei verhalten sich Masse und Beschleunigung bei gleicher Kraft indirekt proportional. Daraus folgt:

$$\vec{a} \propto \frac{1}{m}; \quad \vec{F} = konst. \qquad \vec{F} \propto m; \quad \vec{a} = konst. \qquad \vec{F} \propto \vec{a}; \quad m = konst.$$

In der Praxis wirken meist mehrere Kräfte gleichzeitig auf einen Körper ein. Daher ist hier eine Vektorschreibweise des zweiten Gesetzes ebenfalls sinnvoll.

$$\vec{F_{res}} = m \times \vec{a}$$

2.1.1.3 Newtons drittes Axiom

«*Kräfte treten immer paarweise auf. Übt ein Körper A auf einen anderen Körper B eine Kraft aus (actio), so wirkt eine gleich große, aber entgegen gerichtete Kraft von Körper B auf Körper A (reactio).*»[1]

Das dritte newtonsche Gesetzt, auch Wechselwirkungsprinzip genannt, besagt, dass in einem abgeschlossenen System die Summe aller Kräfte stets 0 (*Null*) ist, da auf jede wirkende Kraft, eine gleichgroße Kraft entgegengesetzt wirkt. Dies ergibt folgende Relation der Kräfte:

$$\vec{F_A} = -\vec{F_B}$$

2.1.1.4 Scheinkräfte

«Scheinkräfte erkennt man daran, dass sie keine Gegenkräfte besitzen.»[2]
Schein- oder auch Trägheitskräfte sind Phänomene, die sich aus unterschiedlichen Positionen des Betrachters ergeben. Befindet sich der Betrachter beispielsweise in einem Kettenkarussell, so erlebt er die Zentrifugalkraft, die ihn aus seiner Sicht nach außen treibt, durchaus als reale Kraft. Ein Beobachter, der sich in einem unbeschleunigtem System, idealerweise einem Inertialsystem, befindet, betrachtet die Bewegung der Person im Karussell nach dem normalen Trägheitsgesetz. Für ihn ist die Zentrifugalkraft nicht existent. Die Corioliskraft fällt ebenfalls unter die Kategorie der Scheinkräfte. «Sie tritt in rotierenden Bezugssystemen, wie die Erde eins ist, auf und wirkt dabei senkrecht zur Relativgeschwindigkeit des Körpers im bewegten Bezugssystem. Auf der Nordhalbkugel wirkt sie rechtsablenkend und auf der Südhalbkugel linksablenkend.»[2]

2.1.2 Merkmale von Inertialsystemen

Nachdem der Grundstein mit Newtons Axiomen gelegt ist, sollen nun die Merkmale von Inertialsystemen genannt werden. Bei einem sogenannten Inertialsystem handelt es sich im Grunde um eine spezielle Form des kartesischen Koordinatensystems in dem die oben erklärten Gesetze Newtons allesamt gelten müssen. In einem Inertialsystem (*lateinisch iners „untätig, träge"*) bewegen sich also *kräftefreie* Körper *geradlinig* und *gleichförmig*. Es können auch Beschleunigungen auftreten, «allerdings sind hier die Richtungen vom Vektor der Beschleunigung und dem Vektor der resultierenden Kraft gleich, sowie ist der Betrag der Beschleunigung proportional zum Betrag der resultierenden Kraft.»[3] Es stellt sich die Frage, ob denn die Erde als Inertialsystem angesehen werden kann. Aufgrund ihrer Rotation dürfte sie nicht als Inertialsystem gelten, da von außen betrachtet eine sogenannte Scheinkraft, hier die *Corioliskraft*, auf jeden Körper wirkt, der sich auf der Erdoberfläche bewegt. Eine Scheinkraft zeichnet sich dadurch aus, dass sie keine Gegenkraft erfährt. Newtons drittes Axiom wird damit verletzt. Eine Rotation kann nur durch eine Beschleunigung hervorgerufen werden, da sich ständig der Richtungsvektor ändert. Diese Beschleunigung ruft die Radialkraft $\vec{F}_R$ hervor. Die Erde ist also strenggenommen *kein* Inertialsystem. Jedoch beträgt die Drehgeschwindigkeit der Erde nur 0,25 Grad pro Minute[1]. Deshalb sind die auftretenden Scheinbewegungen bei bestimmten physikalischen Messungen vernachlässigbar klein. Die Erde kann also bei jenen Experimenten weitestgehend als Inertialsystem aufgefasst werden. Ebenso sind alle Systeme, die sich zu einem Inertialsystem gleichförmig bewegen auch Inertialsysteme. Bewegt sich ein System bezüglich eines festgelegten Inertialsystems beschleunigt, so treten in diesem beschleunigtem System auch Scheinkräfte auf. Beschleunigte Systeme sind also keine Inertialsysteme.

2.2 Galilei-Transformation

Galilei-Transformationen sind ein Mittel, um verschiedene Inertialsysteme ineinander zu überführen. Dabei geht man in der einfachsten Form davon aus, dass sich das System B mit der gleichbleibenden Geschwindigkeit v_x gegenüber System A auf der x-Achse bewegt. Bewegt sich nun ein Körper im System B mit der Geschwindigkeit v_{B1}, so registriert der Beobachter im System A die Geschwindigkeit des Körpers in System B folgendermaßen: $\vec{v} = \vec{v}_{B_1} + \vec{v}_x$

Um nun diese beiden Systeme ineinander zu überführen wird noch vorausgesetzt, dass deren Koordinatenursprünge zu dem Zeitpunkt t_0 zusammenfallen. Es wird nun ein Ort $\vec{s}_B$ im System B zu einer Zeit t vom System A aus als $\vec{s} = \vec{v}_{B_1} \times t + \vec{s}_B$ erkannt. Diese Umrechnungen von Wegen und Zeiten zwischen zwei sich relativ zueinander bewegenden

---

1 $\dfrac{komplette\ Drehung}{siderischer\ Tag} = \dfrac{360°}{23h\ 56min} = \dfrac{360°}{23,9\overline{3}\times60min} = \dfrac{360°}{1436min} \approx \dfrac{1°}{4min}$

Inertialsystemen werden *Galilei-Transformationen* bezeichnet.

$$\vec{s} = \vec{v}_{B_1} t + \vec{s}_B \quad ; \quad \vec{v} = \vec{v}_{B_1} + \vec{v}_x$$

Desweiteren gelten die Transformationen auch:

- bei konstanten Bewegungen in beliebige Richtungen

- wenn die Koordinatenursprünge nicht zusammenfallen

- für unterschiedliche Zeitpunkte

Um eine allgemeine Formel zu finden eignet sich besonders gut die vektorielle Schreibweise. «Zunächst setzen wir die jeweiligen Orte in die vektorielle Schreibweise um.»[4] Zur Vereinfachung wird angenommen, das sich die Systeme nur in den x-Koordinaten unterscheiden.

$$\vec{s} = \begin{pmatrix} x \\ y \\ z \end{pmatrix}, \quad \vec{s'} = \begin{pmatrix} x' \\ y' \\ z' \end{pmatrix} \quad und \quad \vec{s}_0 = \begin{pmatrix} x_0 \\ 0 \\ 0 \end{pmatrix}$$

So erhalten wir die vier notwendigen Gleichungen für die bereits bekannte Transformationsweise. Die ersten drei Ortsgleichungen ergeben sich aus der vektoriellen Schreibweise der folgenden Gleichung: $\vec{s'} = \vec{s} + \vec{s}_0$. Für die Zeitübertragung gilt weiterhin: $t' = t$ Bei konstanten Bewegungen in beliebige Richtungen erfolgt in der vektoriellen Schreibweise nur eine kleine Änderung im Vergleich zur Bewegung entlang der x- Achse wie vorhin angenommen. Bei dem ersten Beispiel handelte es sich lediglich um einen Sonderfall folgender allgemeiner Form: (Bedingung: alle v=konst.)

$$\vec{v}_x \text{ wird zu } \begin{pmatrix} v_x \\ v_y \\ v_z \end{pmatrix} \text{ selbiges gilt für } \vec{v}_{B_1} : \begin{pmatrix} v_{B_{1_x}} \\ v_{B_{1_y}} \\ v_{B_{1_z}} \end{pmatrix} \text{ es folgt: } \vec{v} = \begin{pmatrix} v_{B_{1_x}} \\ v_{B_{1_y}} \\ v_{B_{1_z}} \end{pmatrix} + \begin{pmatrix} v_x \\ v_y \\ v_z \end{pmatrix}$$

Eine Gleichung, um auch die zeitlichen Unterschiede zwischen System A in System B zu berücksichtigen, gibt es bei Galilei nicht, da sich die nach ihm benannte Methode noch an den Vorstellungen einer absoluten Zeit, weit vor Einsteins Relativitätstheorien, orientierte. Die aus der Annahme einer absoluten Zeit resultierenden Ungenauigkeiten sind bei alltäglichen Geschwindigkeiten, die sich weit unter der Lichtgeschwindigkeit befinden, äußerst gering. Um eine bessere Zusammenführung zweier oder mehrerer Inertialsysteme zu erhalten, ist es notwendig die Gleichungen der Lorentz-Transformation zu nutzen. Jene beinhalten dann auch Korrekturen für die in der Methode von Galilei nicht berücksichtigten Zeitunterschiede, welche bei sehr hohen Geschwindigkeiten durchaus messbar sind.

2.3 Michelson-Morley-Experiment

Das *Michelson-Morley-Experiment* wurde erstmalig im Jahre 1881 durchgeführt. Hierbei handelte es sich nicht um ein gewöhnliches Experiment, sondern eines mit entscheidender Bedeutung für die moderne Physik. Man ging bis zu diesem Experiment und teils auch noch nach dessen Scheitern davon aus, dass sich das Licht ähnlich wie Wasser oder Schallwellen in einem Medium ausbreitet. Dieses Medium wurde als *Lichtäther* bezeichnet, der der damaligen Ätherphysik ihren Namen gab. Die Theorie war, dass dieser Äther ein allumfassendes Medium darstellt und die Erde sich durch diesen Äther auf ihrer Bahn um die Sonne bewegt. Man ging also davon aus, dass die Ausbreitungsgeschwindigkeit des Lichtes abhängig von dessen Ursprungsort ist, wenn dieser sich relativ zu dem sogenannten Äther bewegt. Also müsste Licht, das sich mit der Bewegung, die die Erde bei ihrem Weg um die Sonne durchführt, die Geschwindigkeit $c_r = c + v$ aufweisen[1]. Die Lichtimpulse werden auf der Erde gestartet.

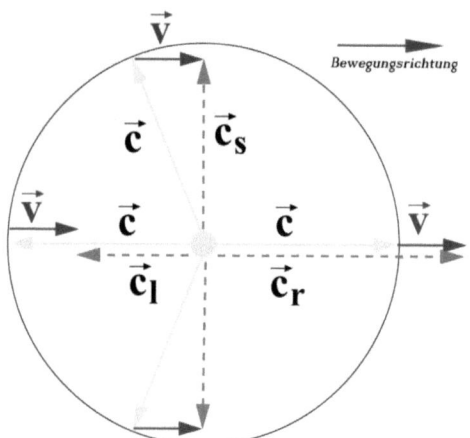

Abbildung 2.3.1: Aufgrund der Äthertheorie addiert sich die Geschwindigkeit v vektoriell zur Lichtgeschwindigkeit c. *Bildquelle im Literaturverzeichnis* [2-8]

---

[1] v ist hierbei die Bahngeschwindigkeit der Erde beim Kreisen um die Sonne $v = \frac{30km}{s}$

Analog müsste die Lichtgeschwindigkeit bei Ausbreitung entgegen der Bewegung um die Sonne $c_l = c - v$ betragen. Wendet man den Satz des Pythagoras an, so erhält man die senkrechte Geschwindigkeit $c_s = \sqrt{c^2 - v^2}$. Um die Existenz des Äthers nachzuweisen, bediente sich Morley eines speziell für diesen Zweck entwickelten Interferometers. Jenes bestand aus einer quadratischen Grundplatte, welche drehbar gelagert auf einem Quecksilbersee schwamm. In der linken unteren Ecke befand sich die Lichtquelle, in der rechten unteren eine Optik zum Empfang der Lichtimpulse und in den gegenüberliegenden Ecken jeweils ein Spiegel. In der Mitte befindet sich noch ein halbdurchlässiger Spiegel, dessen Aufgabe es ist das Licht in zwei Richtungen aufzuspalten. Ein Teil des Lichtstrahls passiert den Spiegel, der andere wird um 90° abgelenkt. Die Wege vom Spiegel in der Mitte zu denen in der Ecke sind gleich groß. Nach der Reflexion wandern beide Lichtimpulse mit Hilfe des Spiegels in der Mitte zur Optik. Theoretisch sollte jetzt eine Phasenverschiebung der eintreffenden Lichtstrahlen auftreten, doch innerhalb der Messgenauigkeit konnte diese nicht festgestellt werden. Man wiederholte das Experiment an unterschiedlichen Orten der Welt zu unterschiedlichen Jahreszeiten immer mit demselben Ergebnis. Die eigentlich erwartete Phasenverschiebung wurde aufgrund der folgenden mathematischen Gleichungen für die parallele und senkrechte Bewegung zur Erdbewegung vorausgesagt.[5]

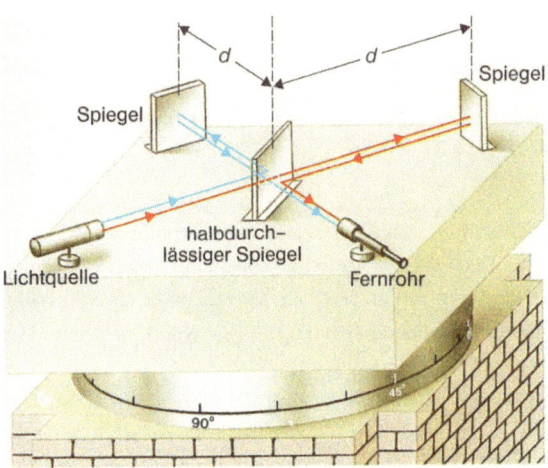

Abbildung 2.3.2: Der Michelson Versuch mit der halbverspiegelten Glasplatte in der Mitte. Die Apparatur schwamm auf einem mit Quecksilber gefülltem Trog. *Bildquelle im Literaturverzeichnis* [2−9]

Mit d wird der Weg von einem äußeren Spiegel zum mittleren bezeichnet.[1]

$$t_{\parallel} = \frac{d}{c-v} + \frac{d}{c+v} = \frac{2dc}{c^2 - v^2} \qquad t_{\perp} = \frac{2d}{\sqrt{c^2 - v^2}}$$

Die benötigte Zeit für den senkrecht zum Äther verlaufenden Lichtstrahl wäre also kürzer, als die für den parallelen. Der zeitliche Unterschied würde wie folgt berechnet:

$$\Delta t = t_{\parallel} - t_{\perp} = L\frac{v^2}{c^3} \qquad L = 2d$$

Im Experiment von Michelson betrug $L = 11m$. Damit ergibt sich ein zeitlicher Unterschied von $\Delta t = 3,\overline{3} \times 10^{-13}s$. Ein äußerst kurzer Zeitraum, dennoch messbar. «Dreht man nun das Gerät um $90°$ so vertauschen die beiden Spektrometerarme ihre Rollen. Der Lichtstrahl der zuerst früher [angelangte, wird nun später eintreffen].»[6] Somit ergibt sich ein Laufzeitunterschied von $2\Delta t$. Nach der Gleichung $s = v \times t$ folgt:

$$s = c \times 2\Delta t = 2L\frac{v^2}{c^2} = 11m \times \frac{(30 \frac{km}{s})^2}{(300.000 \frac{km}{s})^2} = 2,2 \times 10^{-7}m$$

«Die relative Verschiebung der Interferenzmuster ergibt sich mit einer Wellenlänge von zum Beispiel [grünem Licht] $\lambda = 500nm = 5 \times 10^{-7}m$ als»[7]

$$\frac{s}{\lambda} = \frac{2,2 \times 10^{-7}m}{5 \times 10^{-7}m} = 0,44$$

Gemessen wurde beim Michelson-Morley-Experiment jedoch nur eine Verschiebung von $0,01$. Das Ergebnis war also nicht vollständig negativ, wurde jedoch wegen der starken Abweichung vom viel größeren erwartetem Wert als Nullresultat gewertet. Die Messungen wurden mit höherer Genauigkeit wiederholt, lieferten aber stets dasselbe Ergebnis.

Sollte jedoch in einem zukünftigen Experiment die Existenz des Lichtäthers eindeutig nachgewiesen werden können, so würden die Relativitätstheorien Einsteins ihre Gültigkeit verlieren.

---

[1] Nach $v = \frac{s}{t}$ folgt $t = \frac{s1}{v1} + \frac{s2}{v2}$

3 Die spezielle Relativitätstheorie

3.1 Relativität der Gleichzeitigkeit

In der klassischen Physik werden Ereignisse nach dem Prinzip von Ursache und Wirkung eingeteilt. Ein Ereignis kann also entweder Ursache für ein anderes, später eintretendes Ereignis sein und somit in der Vergangenheit liegen oder ein Ereignis kann die Wirkung eines anderen, zuvor stattgefundenen Ereignisses sein und damit in der Zukunft liegen. Die dritte Möglichkeit besteht darin, dass die Ereignisse zur gleichen Zeit, aber an unterschiedlichen Orten stattfinden. Eines der Ereignisse kann somit weder Ursache noch Wirkung des anderen sein. Eben solche werden in der klassischen Physik als gleichzeitig definiert. Zusammenfassend gesagt, gilt immer eine der folgenden drei Aussagen für zwei Ereignisse A und B:

1. *«Ereignis A geschieht zeitlich vor Ereignis B und kann damit Ursache von B sein*

2. *Ereignis A geschieht zeitlich nach Ereignis B und kann damit Wirkung von B sein*

3. *Ereignis A geschieht gleichzeitig mit Ereignis B und kann weder Ursache noch Wirkung von B sein»* [1]

In der Physik der speziellen Relativitätstheorie ist der Begriff der Gleichzeitigkeit schwieriger. Grundlage hierfür ist die sogenannte *Konstanz der Lichtgeschwindigkeit*. Einstein postulierte, dass es eine Geschwindigkeit im Universum gibt, die von keiner anderen übertroffen werden kann. Diese Geschwindigkeit ist die Geschwindigkeit des Lichtes im absoluten Vakuum. Sie beträgt $c = 299.792,458 \frac{km}{s}$. Es ist noch nicht gelungen, diese These experimentell zu bestätigen. Es wird also angenommen, dass sich Lichtstrahlen überall im Universum und unabhängig von deren Entfernung zueinander stets mit gleicher Geschwindigkeit bewegen. Damit ist die Lichtgeschwindigkeit auch die höchste Geschwindigkeit für das Eintreten von Wirkungen. In Analogie zur 3. Aussage für Ereignisse in der klassischen Physik können selbst zwei zu unterschiedlichen Zeitpunkten stattfindende Ereignisse sich nicht gegenseitig beeinflussen, wenn sie räumlich sehr weit voneinander entfernt stattfinden. Man spricht von einem *«raumartigen Abstand»* [1]. Ereignisse, die sich beeinflussen können besitzen einen sogenannten *«zeitartigen Abstand»* [1] voneinander. Für zwei Ereignisse A und B stimmt in der Relativitätstheorie genau eine der drei folgenden Aussagen:

1. *«Ereignis A liegt zeitartig vor Ereignis B und kann damit Ursache von B sein*

2. *Ereignis A liegt zeitartig nach Ereignis B und kann damit Wirkung von B sein*

3. *Ereignis A ist raumartig von Ereignis B getrennt und kann weder Ursache noch Wirkung von B sein»* [1]

Am besten verdeutlichen kann man die relative Gleichzeitigkeit folgendermaßen: Um eine Uhr mit der anderen zu Synchronisieren wird die *Einstein-Synchronisation* angewandt. Dieses Verfahren basiert auf der Annahme der Konstanz der Lichtgeschwindigkeit. «Zwei voneinander entfernte Uhren werden synchronisiert, indem von ihrer geometrischen Mitte zwei Lichtsignale gleichzeitig ausgesendet werden, die bei ihrer Ankunft die Uhren in Gang setzen.» [2] Dass die Gleichzeitigkeit relativ ist, soll folgendes Gedankenexperiment[1] verdeutlichen: Zwei Raketen bewegen sich mit der relativen Geschwindigkeit $v = 0,5c$ aneinander vorbei. Betrachtet man die Geschwindigkeit der Rakete A von der anderen aus, so würde ein entsprechender Astronaut feststellen, dass sich die Rakete B mit der Relativgeschwindigkeit $v = 0,5\,c$ bewegt. Das Inertialsystem ist also hier die Rakete A und das Bezugssystem die Rakete B. Dies gilt natürlich auch für den Beobachter in der Rakete B. Im Bug und Heck einer jeden Rakete befindet sich je eine Uhr. Die Aufgabe soll darin bestehen die vier Uhren A, B, C und D zu synchronisieren. Entsprechend der *Einstein-Synchronisation* wird eine Blitzlampe zu dem Zeitpunkt gezündet, wenn die Raketenmitten sich auf derselben Höhe befinden. Die Lichtzeichen laufen zu den gleichweit entfernten Raketenenden und setzen die Uhren in Gang. Betrachtet man den Ablauf aus der Sicht der unteren Rakete[2], so sieht man, dass sich die Uhr B im Heck der oberen Rakete A dem Lichtsignal nähert und daher zuerst in Gang gesetzt wird. Die sich entfernende Uhr A in der Spitze der oberen Rakete wird erst später von dem Lichtimpuls eingeholt werden. Hingegen werden die beiden Uhren C und D in der unteren

---

[1] Das Gedankenexperiment wurde nicht 1:1 übernommen
[2] Siehe Abbildung 3.1.1 auf Seite 33

Rakete B gleichzeitig erreicht und synchron gestartet. Nun verlangt aber das Relativitätsprinzip, dass die Betrachtung aus der oberen Rakete ebenfalls Gültigkeit besitzt. Die zweite Abbildung[1] zeigt, dass die Verhältnisse nun umgekehrt vorliegen. Kurzgefasst fliegt die untere Rakete davon und die Uhren C und D werden zu verschiedenen Zeiten gestartet, während die oberen Uhren A und B jetzt synchron laufen. Die vier Uhren können also unmöglich erfolgreich synchronisiert werden. Was gleichzeitig ist, gilt demnach nicht mehr absolut, sondern hängt vom System ab, auf das man sich bezieht. Zwei Ereignisse, die an verschiedenen Orten stattfinden und von einem Inertialsystem aus als gleichzeitig angesehen werden, finden aus Sicht eines anderen, relativ zum ersten bewegten Inertialsystems zu verschiedenen Zeiten statt.

— Gleichzeitigkeit ist relativ —

3.2 Zeitdilatation

Lichtuhren

Um die Zeitdilatation anschaulich zu beschreiben wird dieses Phänomen anhand von ruhenden und bewegten Lichtuhren beschrieben. Eine Lichtuhr soll in diesem Falle einen 0,15 m hohen, stehenden Zylinder darstellen. In diesem befindet sich an der Oberseite ein Zählwerk und eine Blitzlampe. An der Unterseite ist ein idealer Spiegel angebracht. Als eine Zeiteinheit gilt die Zeit, die vergeht bis der ausgesendete Lichtimpuls vom Spiegel reflektiert wurde und wieder im Zählwerk eintrifft. Die Verwendung von Licht als Taktgeber erfolgt aufgrund der Annahme, dass die Lichtgeschwindigkeit immer gleich groß ist. Demnach gilt für eine Zeiteinheit:

$$v = \frac{\Delta s}{\Delta t} \qquad \Delta t = \frac{\Delta s}{v} = \frac{2 \times 0,15m}{3 \times 10^8 ms^{-1}} = 10^{-9}s = 1\ ns$$

Da der Begriff der Lichtuhr nun geklärt ist, kann das Gedankenexperiment aufgebaut werden. Ziel soll es sein, den Gang einer bewegten Lichtuhr zu beobachten. Man nehme

---

[1] Siehe Abbildung 3.1.2 auf Seite 34

an, dass drei Lichtuhren A, B und C, die zuvor per Lichtimpuls synchronisiert wurden, aufgestellt werden. Die dritte Uhr C soll sich mit einer hohen Geschwindigkeit $\vec{v}$ von Uhr A nach Uhr B bewegen. Zum Zeitpunkt t_0 befindet sich Uhr C am selben Punkt wie Uhr A und bewegt sich dann gleichförmig zur Uhr B. Erreicht sie Uhr B werden alle Uhren gestoppt. Betrachtet man nun dieses Ereignis in dem System S der ruhenden Uhren, muss das Licht in der Uhr C einen größeren Weg bis zum Spiegel zurücklegen, da sich die Uhr in der Zeitspanne Δt um die Strecke $s = v \times \Delta t$ fortbewegt hat.

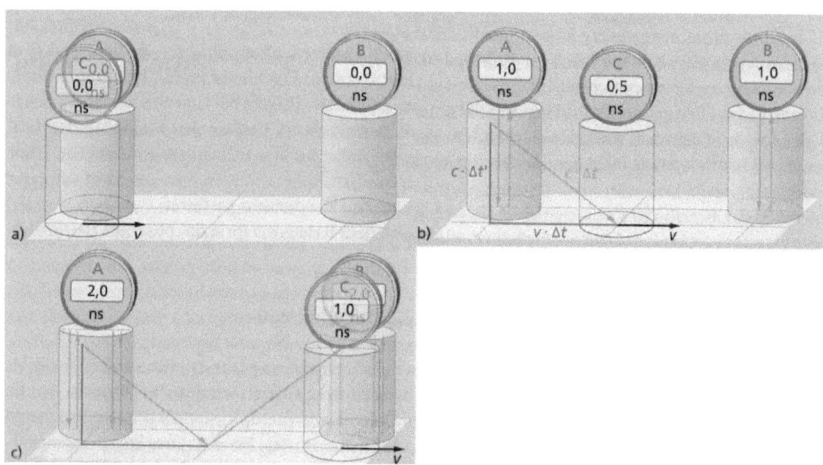

Abbildung 3.2.1: Gedankenexperiment zu Lichtuhren. Die Uhren A und B ruhen im Inertialsystem S, die Uhr C ruht im Inertialsystem S', welches sich relativ zu S bewegt. *Bildquelle im Literaturverzeichnis* [3-5]

Wird die Geschwindigkeit genau so gewählt, dass das Licht der Uhr C genau dann unten am Spiegel ankommt, wenn es in der Uhr A bereits einmal vollständig hin- und zurück gelaufen ist, so zeigt Uhr C eine Zeit von $t_C = 0,5\ ns$ an. Der Vorgang läuft nun weiter, bis die Uhr B passiert wird. Zu diesem Zeitpunkt zeigen die Uhren A und B eine Zeit von $t_A = t_B = 2\ ns$ und Uhr C eine Zeit von $t_C = 1\ ns$ an.

$-$ *Bewegte Uhren gehen langsamer als ruhende Uhren* $-$

Mithilfe der Abbildung 3.2.1 auf Seite 16 kann der Effekt der Zeitdilatation auch mathematisch hergeleitet werden. Im System S' hat das Licht nach der Zeit $\Delta t'$ die Strecke $h = c\Delta t$ durchlaufen. Im System S hat sich währenddessen die Uhr um $s = v\Delta t$ weiterbewegt. Das Licht hat demnach die Strecke $L = c\Delta t$ zurückgelegt. Nach dem Satz des *PYTHAGORAS* und weiteren Umformungen erhält man[1] :

$$\Delta t' = \Delta t \times \sqrt{1 - \left(\frac{v^2}{c^2}\right)}$$

Fazit:

«Die von einer bewegten Uhr für einen Vorgang als Eigenzeit Δt gemessene Zeitspanne ist kleiner, als die von ruhenden Uhren ermittelte Zeitspanne Δt_R für denselben Vorgang. Es gilt [obiger] Zusammenhang.»[6] Das Phänomen der Zeitdilatation gilt nicht nur für jegliche Uhr, sondern kann auf alle Vorgänge im Universum angewendet werden.

3.3 Längenkontraktion

Ebenso wie bei der Zeitdilatation erschließt sich die Längenkontraktion mithilfe eines Gedankenexperimentes. «Desweiteren ist letztere eine unmittelbare Folge der Zeitdilatation und notwendig, damit die Einsteinschen Postulaten Gültigkeit behalten»[7]. Man nehme an, dass eine Rakete mit der Geschwindigkeit $v = 0,7c$ über einen ruhenden Erdenbeobachter fliegt. Dieser bestimmt die Länge der Rakete indem er mit einer Uhr C die Zeit misst, die die Rakete benötigt um ihn zu passieren. Als Ergebnis erhält er angenommen $\Delta t = 300ns$. Gemäß des Weg-Zeit Gesetzes berechnet sich die Länge l der Rakete folgendermaßen:

$$l = v \times \Delta t = 0,7 \times 3 \times 10^8 \ ms^{-1} \times 300 \times 10^{-9} \ s = 63 \ m$$

Zum Vergleich führt man auch in der Rakete eine ähnliche Messung der Raketenlänge durch. In den Raketenenden befinden sich zwei Uhren A und B, welche vorher synchronisiert wurden. Es wird die Zeit gemessen, die die Rakete benötigt um den Beobachter zu passieren. Hierzu startet die Uhr A im Bug der Rakete, wenn sie auf einer Höhe mit dem Beobachter ist. Es wird nun die Zeit gemessen bis die Uhr B im Heck der Rakete ebenfalls den Beobachter passiert hat. Zu beachten ist hier allerdings die etwas paradox klingende Voraussetzung, dass die Rakete ruht, denn sonst könnten sich (wie in Kapitel 3

---

[1] Herleitung im Anhang auf Seite 35

- Relativität der Gleichzeitigkeit beschrieben) keine synchronisierte Uhren in der Rakete befinden. Die auf der Erde befindliche Uhr C wird demnach als bewegt angenommen. Die Uhr C zeigt deshalb die im Vergleich zu Δt_R kleinere Zeit $\Delta t = 300\ ns$ an. Für Δt_R folgt aufgrund der Formel für die Zeitdilatation:

$$\Delta t_R = \frac{\Delta t}{\sqrt{1 - (\frac{v}{c})^2}} = \frac{300\ ns}{\sqrt{1 - \left(\frac{0{,}7c}{1\,c}\right)^2}} \approx 420\ ns \qquad \Delta t_R = 1,4 \times \Delta t$$

Mit Hilfe dieser Zeit kann nun auch die Länge l_R der Rakete in deren Ruhesystem bestimmt werden.

$$l_R = v \times \Delta t_R = 0,7 \times 3 \times 10^8\ ms^{-1} \times 420 \times 10^{-9}\ s \approx 88,22\ m \qquad l_R > l$$

Man stellt fest, dass die Rakete in ihrem Ruhesystem um den Faktor 1,4 länger ist als in einem Inertialsystem in dem sie bewegt ist. «Die Länge der Bewegungsrichtung ist demnach keine feststehende Größe, sondern hängt vom Bezugssystem ab, in dem die Messung durchgeführt wird. Die Verkürzung der bewegten Rakete wird auch *Lorentz-Kontraktion* genannt.»[8] Der Name kommt von dem holländischen Physiker *LORENTZ*. Dieser erkannte bereits vor Einstein die Längenkontraktion und erklärte mit ihr den negativen Ausgang des Michelson-Experiments. Allerdings sah er den Grund für eine Längenverkürzung in einem Ätherwind, der durch die Körper weht. In der Relativitätstheorie ist die Längenkontraktion jedoch vielmehr eine notwendige Eigenschaft des Raumes, die sich aus den Relativitätspostulaten ergibt. Eine allgemeine Gleichung ist aufgrund des Wissens um die Zeitdilatation schnell gefunden und ergibt sich aus den Zusammenhängen der Länge l im bewegtem System und der Eigenlänge l_R. Aus den Gleichungen $l = v\Delta t$, $l_R = v\Delta t_R$ und $\Delta t = \Delta t_R \times \sqrt{1 - (\frac{v}{c})^2}$ folgt:

$$\frac{l}{l_R} = \frac{v\Delta t}{v\Delta t_R} = \sqrt{1 - \left(\frac{v}{c}\right)^2} \qquad l = l_r \times \sqrt{1 - \left(\frac{v}{c}\right)^2}$$

— Die Länge eines Körpers in seiner Bewegungsrichtung ist relativ. —

3.4 Relativität der Masse

Mithilfe der Zeitdilatation und der Längenkontraktion wurde nun bereits untersucht, was mit der beobachteten Länge sowie der gemessen Zeit passiert, wenn sich ein Körper sehr schnell relativ zu einem Beobachter bewegt. Diese Untersuchung war notwendig, da die Mechanik Newtons bei hohen Geschwindigkeiten nicht mehr galt. Es gilt nun noch den Zusammenhang zwischen der Masse eines Körpers und dessen Geschwindigkeit zu untersuchen. Einstein betrachtete diesen letzten Teil seiner speziellen Relativitätstheorie auch zugleich als Wichtigsten. Um nun den genannten Zusammenhang zu untersuchen, soll zuerst ein Blick in die Geschichte erfolgen. 1974 wurde ein Experiment am Linearbeschleuniger der Standford-Universität durchgeführt. Bei diesem Experiment wollte man ein Elektron auf Überlichtgeschwindigkeit beschleunigen. Nach der bereits bekannten Gleichung zur Berechnung der kinetischen Energie eines Körpers $E_{kin} = \frac{1}{2}mv^2$ wurde dem Elektron über Magnetfelder die 280 fache Energie zugeführt, die nach der Gleichung zur Berechnung der kinetischen Energie notwendig gewesen wäre, um das Elektron auf Lichtgeschwindigkeit zu beschleunigen. Die Geschwindigkeit des Elektrons wurde nun mit der eines Lichtstrahls verglichen. Das Ergebnis war, dass das Elektron sich so weit der Geschwindigkeit des Lichtstrahls genähert hat, dass kein Unterschied in den Geschwindigkeiten festgestellt werden konnte. Daraus folgt auch, dass das Elektron nicht schneller als die Lichtgeschwindigkeit wurde, obwohl man ihm ständig Energie zuführte. Die einzig sinnvolle Erklärung hiefür ist, dass die Masse des Elektrons bei steigender Geschwindigkeit zugenommen hat. Die Existenz des Unterschieds zwischen der Ruhemasse eines Teilchens und der relativen Masse wurde mit diesem Experiment bestätigt. Selbst ein so massearmes Teilchen wie das Elektron kann nicht auf Lichtgeschwindigkeit beschleunigt werden. Stellt also die Lichtgeschwindigkeit wirklich die obere Schranke des Möglichen dar? Jedenfalls kann man sagen, dass ein massebehaftetes Teilchen nie Lichtgeschwindigkeit erreichen kann, da dessen Masse auf dem Weg dahin immer weiter zunimmt. Die relative Masse kann natürlich auch mathematisch berechnet werden. Dazu benötigt man die Ruhemasse des Körpers, sowie dessen Geschwindigkeit. Die dafür notwendig Gleichung erhält man am besten mithilfe eines Gedankenexperimentes zum Impulserhaltungssatz. Als Ausgangssituation wird angenommen, dass in einem Crashtest ein Auto gegen eine Mauer prallt. Zuerst wird das Ereignis von einem ruhenden Inertialsystem aus betrachtet und gleichzeitig von einem Inertialsystem, das sich längs der x-Achse mit v=0,6c bewegt. An dem Ausmaß der Zerstörung der Mauer, lässt sich jeweils der Impuls $p = m \times v$ des Autos vor dem Zusammenprall herleiten. Es wird nun der Impuls des Autos aus Sicht des Inertialsystems S berechnet. Das Auto hat die Ruhemasse $m_0 = 1000\ kg$ und durchfährt die Strecke $\Delta y = 100\ m$ in $\Delta t = 4\ s$. Aus diesen drei Werten wird der Impuls berechnet: $p = m \times v_I = 1000\ kg \times 25\ ms^{-1} = 25.000\ kg\frac{m}{s}$. Betrachtet man nun den Impuls aus Sicht des Inertialsystems I', stellt man fest, dass der Impuls denselben Wert besitzt, denn die Mauer wird ebenso tief eingedrückt gesehen wie aus dem ersten Inertialsystem und die Wegstrecke die das Auto zurückgelegt hat auch, da senkrecht zur Bewegungsrichtung keine Längenkontraktion auftritt. Es gilt: $p' = p$ Der einzige Unterschied besteht darin, dass der Beobachter im System I' eine andere Zeit misst, bis das Auto auf die Mauer auftrifft. Laut der Gleichung der Zeitdilatation folgt für die gemessene Zeit:

$$t' = \Delta t \frac{1}{\sqrt{1 - v^2/c^2}} = 4\ s \frac{1}{\sqrt{1 - (0,6c)^2/c^2}} = 5\ s$$

Aus dieser Zeit folgt auch eine andere Geschwindigkeit v', die der Beobachter aus S' dem Auto zuteilt. Die Zerstörung ist wie erwähnt jedoch gleich groß. Der Beobachter erklärt sich dies mit einer im Verhältnis zur Ruhemasse größeren Masse m' des Autos. Aus $p = p'$ folgt: $mv = m'v'$, daraus $m' = \frac{v}{v'} = 1000\ kg\ \frac{25m/s}{20m/s} = 1250\ kg$. Die bewegte Masse ist also 0,25 mal größer als die Ruhemasse des Autos.

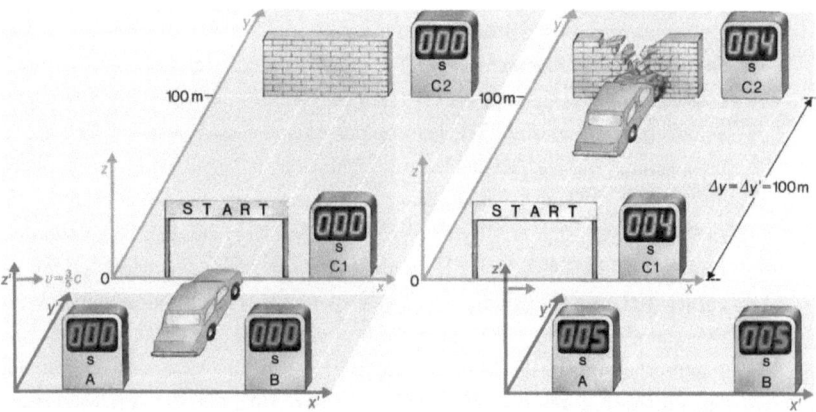

Abbildung 3.4: Der Aufprall des Autos auf die Wand wird einmal aus dem Inertialsystem I beobachtet, indem die Wand ruht und einmal aus einem Inertialsystem I', das sich mit v=0,6c zu I nach rechts bewegt. *Bildquelle im Literaturverzeichnis* [3-9]

Die allgemeine Gleichung für die dynamische Massenbeziehung erhält man mit $\Delta y = \Delta y'$ und der Gleichung für die Zeitdilatation:

$$m = m_0 \frac{v}{v'} = m_0 \frac{\Delta y/\Delta t}{\Delta y/\Delta t'} = m_0 \frac{\Delta t'}{\Delta t} = \frac{m_0}{\sqrt{1 - v^2/c^2}}$$

«Die dynamische Masse m eines mit der Geschwindigkeit v bewegten Körpers ist größer als seine Ruhemasse m_0 und berechnet sich nach der [obenstehenden] Formel. Strebt v gegen c, so wird die dynamische Masse unendlich groß. Für v viel kleiner c hat die Wurzel etwa den Wert 1, und es tritt der klassische Fall $m = m_0 = konstant$ ein.»[10]

− Die Masse eines mit $\vec{v}$ bewegten Körpers ist relativ. −

3.5 Äquivalenz von Masse und Energie - E = mc²

Im letzten Kapitel zur speziellen Relativitätstheorie soll nun die Bedeutung der berühmtesten Gleichung Einsteins $E = mc^2$ untersucht werden. Mit dem Beweis der Relativität der Masse ist nun schon der Grundstein für die Schlussfolgerung gelegt, dass Masse und Energie tatsächlich äquivalent sein könnten. Experimentell wurde folgendes Phänomen nachgewiesen: Stoßen zwei Protonen mit relativ hoher kinetischer Energie aufeinander, kann es sein, dass sie einen wesentlichen Teil dieser Energie und somit auch ihrer dynamischen Masse verlieren. Da die Energie und Masse nicht einfach entgegen der Aussage des Energieerhaltungssatzes verschwinden kann, bildet sich ein drittes Teilchen, das neutrale Pi-Meson.[1] Es hat sich gezeigt, dass die Abnahme der dynamischen Massen der Stoßpartner genau so groß ist, wie die Masse des neu entstanden Pi-Mesons. Der Satz zur Erhaltung der Ruhemassen muss folglich durch den Satz zur Erhaltung der dynamischen Massen ersetzt werden. Rückblickend auf die Formel für die kinetische Energie eines Körpers $E_{kin} = \frac{1}{2}mv^2$ soll nun dafür ein relativistischer Ausdruck gefunden werden. Dazu wird erst die Differenz zwischen dynamischer Masse m und der Ruhemasse m_0 gebildet:

$$m - m_0 = \frac{m_0}{\sqrt{1 - v^2/c^2}} - m_0 = m_0 \left[\frac{1}{\sqrt{1 - v^2/c^2}} - 1 \right]$$

---

[1] Im Beschleunigungsring des CERN´s werden unter anderem Protonenstrahlen aufeinander geschossen und die entstehenden Teilchen untersucht. Man ist vor allem auf der Suche nach dem Higgs-Boson, das, so wird angenommen, für die Entstehung der Masse verantwortlich ist.

Betrachtet man nun nur den Wurzelterm und das für niedrige v-Werte, so kann man auch vereinfacht schreiben:

$$\frac{1}{\sqrt{1 - v^2/c^2}} = \left(1 - v^2/c^2\right)^{-\frac{1}{2}} \approx 1 + \frac{1v^2}{2c^2}$$

Setzt man nun diese Näherung in die Massendifferenz ein, so erhält man:

$$m - m_0 = m_0 \left(1 + \frac{1v^2}{2c^2} - 1\right) = \frac{1}{2}m_0 v^2 \frac{1}{c^2} = E_{kin}\frac{1}{c^2}$$

Sollen auch wieder hohe Werte für v zugelassen werden, so kann nicht mehr mit der Näherung gerechnet werden. Dennoch kann der Zusammenhang, dass die Differenz aus dynamischer Masse und Ruhemasse die kinetische Energie darstellt weiter verwendet werden. Als relativistischer Ausdruck wird formuliert:

$$E_{kin} = (m - m_0)c^2 = mc^2 - m_0 c^2$$

Es ist bereits die Verwandschaft mit der berühmten Gleichung von Einstein zu erkennen. Es soll nun der Term $m_0 c^2$ als Ruhenergie E_0 eines Teilchens festgelegt werden, da es diese Energie bereits in Ruhe ($v = 0$) besitzt. $E = mc^2$ ist dann die Gesamtenergie eines Teilchens, die sich aus der Ruhenergie und der kinetischen Energie $E = E_0 + E_{kin}$ ergibt. Somit drückt die Gleichung aus, dass die Gesamtenergie und die dynamische Masse eines Teilchens gleichwertige Größen sind. Jedoch kann keine direkte Äquivalenz von Masse und Energie angenommen werden. Es ist nämlich kein Vorgang bekannt, bei dem zu 100% die Masse eines Körpers oder Stoffes in reine Energie in Form von Strahlung umgewandelt wird. Meist besitzt die emittierte Strahlung auch selbst eine Masse. Die Formel konnte jedoch endlich erklären, wie es dem Uran möglich ist über einen sehr langen Zeitraum eine stets hohe Strahlungsmenge abzugeben und dabei nicht «wie ein Eiswürfel dahinzuschmelzen»[11]. Es wandelt nämlich seine Masse sehr effizient nach der Formel $E = mc^2$ in Energie um. Ein etwas absurd scheinender Vergleich soll das Kapitel der speziellen Relativitätstheorie abschließen und die ungeheure Energiemenge verdeutlichen, die sich aus dem Faktor des Quadrats der Lichtgeschwindigkeit ergibt. «Ein durchschnittlich großer Erwachsener enthält selbst dann, wenn er sich nicht besonders kräftig fühlt, in seinem bescheidenem Körper eine potentielle Energie von nicht weniger als 7×10^{12} Mega Joule, genug um mit der Gewalt von 30 großen Wasserstoffbomben zu explodieren - vorausgesetzt, man weiß, wie man diese Energie freisetzt.»[11]

4 Die allgemeine Relativitätstheorie

Zuerst einmal soll die Notwendigkeit der allgemeinen Relativitätstheorie geklärt werden. In der speziellen Relativitätstheorie ging Einstein stets davon aus, dass das beobachtete System in jedem Fall eine perfektes Inertialsystem sei. Allerdings gibt es im ganzen Universum kein perfektes und somit auch kräftefreies Inertialsystem. Dies lässt sich anhand der bekannten Gleichung *Newtons* zur Berechnung der Gravitation erklären:

$$F_{Grav} = -G\frac{m_1 m_2}{r^2}$$

Man kann anhand der Gleichung erkennen, dass die Gravitation zwar mit dem Quadrat der Entfernung abnimmt, jedoch niemals den Wert Null erreicht. Somit ist überall im Universum - mehr oder weniger - die Wirkung der Gravitation einer Masse vorhanden. Es gibt keinen kräftefreien Raum. Die spezielle Relativitätstheorie bedarf daher einer Verallgemeinerung, die Einstein auch mit der allgemeinen Relativitätstheorie liefert. Deren wesentlichen Elemente sollen auf den folgenden Seiten dargestellt werden.

4.1 Gravitationsfeld

Die Erscheinungsform des klassischen Gravitationsfeldes ist ähnlich der des magnetischen Feldes und soll mit Hilfe der Abbildung 4.1 verdeutlicht werden.

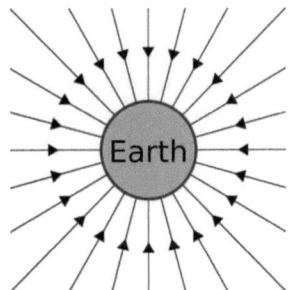

Abbildung 4.1: Darstellung des radialsymmetrischen Gravitationsfeldes der Erde. *Bildquelle im Literaturverzeichnis* [4-2]

Die Feldlinien zeigen in Richtung Erdmittelpunkt, der auch gleichzeitig das Massezentrum darstellt. Bei dem Gravitationssystem der Erde handelt es sich um ein radialsymmetrisches Gravitationsfeld. In jedem Punkt des Feldes kann die wirkende Kraft bestimmt werden. Insofern ist es logisch, das in einem solchen System ebenfalls jedem Körper, der sich in einem Punkt des Gravitationsfeldes befindet, eine Lageenergie beziehungsweise potentielle Energie zugeordnet werden kann. Es ist demnach Arbeit erforderlich, um einen Körper entgegen der Richtung der wirkenden Gravitationskraft zu bewegen. Soll ein Körper senkrecht zu den Feldlinien der Gravitation bewegt werden muss hingegen keine solche Arbeit aufgewandt werden. Diese Flächen bezeichnet man als Äquipotentialflächen. Wenn jedoch für die Bewegung im Gravitationsfeld Arbeit notwendig ist, wird diese in der bereits bekannten, klassischen Physik allgemein als Hubarbeit bezeichnet und berechnet sich nach folgender Formel:

$$W_{Hub} = mgh$$

Die erforderliche Arbeit ist also von der Masse des Körpers, der zu überwindenden Höhe und der Beschleunigung, die durch die Gravitation hervorgerufen wird, abhängig. Bereits an dieser Formel lässt sich das Äquivalenzprinzip erkennen. Dessen Grundaussage lautet, dass kein Unterschied zwischen der Gravitation und der Beschleunigung besteht. Man nehme an, dass eine Raumkapsel in der sich ein Beobachter befindet ungebremst in Richtung Erdboden fällt. Von Außen gesehen erfährt die Person in der Kapsel, sowie der Kapsel selbst die Beschleunigung $\vec{g}$, sprich die Schwerebeschleunigung, welche durch das Gravitationsfeld der Erde hervorgerufen wird. Der Beobachter in der Kapsel kann die Existenz der Schwerkraft jedoch nicht bemerken, denn er schwebt immer an der selben Position in der Kapsel. Es werden also keine Kräfte auf ihn oder die Kapsel ausgeübt und der Beobachter kann nur annehmen, dass sich seine Kapsel in Ruhe befindet. Die Verhältnisse kehren sich um, sobald die Kapsel auf dem Boden landet. Der Boden übt nun eine Kraft aus, die nach oben gerichtet ist. Der Beobachter in der Kapsel weiß immer noch nichts von einer Gravitation und nimmt daher an, dass er nach oben beschleunigt wird. Der Beobachter von Außen nimmt die Kapsel und den Insassen hingegen als ruhend war. Dem Beobachter, der sich in der Kapsel befindet ist es unmöglich zwischen Beschleunigung und Gravitation zu unterscheiden. Folglich muss gelten, dass es «keinen lokal messbaren Unterschied zwischen der Wirkung eines Gravitationsfeldes und der Wirkung einer beschleunigenden Kraft gibt.»[f] Die Formulierung lokal meint, dass dieses Äquivalenzprinzip Einsteins nur in kleinen Ausschnitten von Raum und Zeit gilt, da es sich um ein homogenes Gravitationsfeld handeln muss. Zusammenfassend kann formuliert werden: In einem frei fallenden Bezugssystem gelten auch die Regeln der Physik der speziellen Relativitätstheorie. Jedoch ist es für die Gültigkeit des Äquivalenzprinzips essentiell, dass es sich bei schwerer und träger Masse um gleichwertige Größen handle. Im Kapitel „Experimentelle Belege" werden unter anderem Versuche vorgestellt, die die eben genannte Voraussetzung für die Gültigkeit des Äquivalenzprinzips und somit auch der allgemeinen Relativitätstheorie auch experimentell bestätigen sollen. Jedoch gilt es zunächst einmal die Einflüsse der Gravitation auf das Universum, den Raum, sowie die Zeit zu untersuchen.

4.2 Krümmung von Raum und Zeit

Die Krümmung der sogenannten Raumzeit ist wohl das phantastischste und zugleich unvorstellbarste Phänomen der allgemeinen Relativitätstheorie. Sie liefert die bis heute gültige Vorstellung, dass die Ursache der Gravitation ein gekrümmter Raum sei. Diese Idee eines gekrümmten Raumes veranlasste Einstein zur Verallgemeinerung der aus der speziellen Relativitätstheorie bekannten Erscheinungen der Zeitdilatation und Längenkontraktion.

„*Bewegte Uhren gehen langsamer*" wurde zu:
„*Unter Einwirkung der Gravitation gehen Uhren langsamer*",

„*Bewegte Körper schrumpfen*" wurde zu:
„*Körper schrumpfen unter der Einwirkung der Gravitation*"

Ein weiterer wichtiger Unterschied zu Newtons Theorie über die Gravitation besteht darin, das es nach Einstein auch möglich ist, dass masselose[1] Photonen von ihr beeinflusst werden können. Diese sogenannte Beugung des Lichtes wurde auch bereits 1919 während einer Sonnenfinsternis bewiesen. Wenn der Mond die Sonne abdunkelt, so werden die hinter der Sonne liegenden Sterne sichtbar und ihre Positionen können vermessen werden. Tatsächlich ergaben die Messungen eine Abweichung von den tatsächlichen Positionen der beobachteten Sterne. Die Masse der Sonne führte dazu, dass das emittierte

---

[1] Die Physik ist sich bis heute nicht zu 100% sicher, ob Photonen nicht doch eine Masse besitzen. Ruhemasse besitzen sich jedoch nicht, man nimmt aber an, dass sie zumindest eine schwere Masse besitzen.[4]

Licht der Sterne auf eine gekrümmte Bahn abgelenkt wurde. Daraus resultierte auch die beobachtete scheinbare Position der Sterne, die wie erwähnt von der tatsächlichen abwich. Man kann sehr gut erkennen, dass die Lichtphotonen in der Nähe der Sonne von deren Gravitation abgelenkt werden. Einstein folgerte aus seinen Überlegungen, dass Massen die Fähigkeit besitzen die Raumzeit zu krümmen.

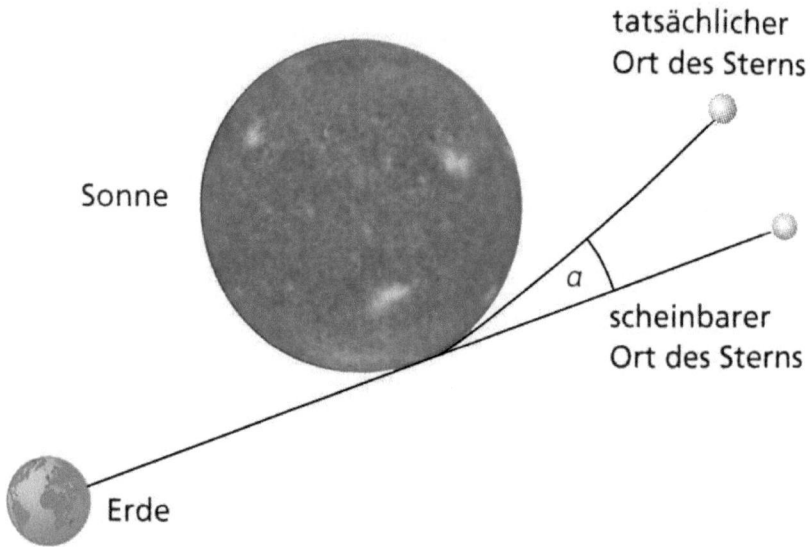

Abbildung 4.2: Lichtablenkung unter Einfluss der Gravitation der Sonne (Lichtbeugung). *Bildquelle im Literaturverzeichnis* [4-3]

Steht ein Raum unter Einfluss einer Gravitation, so ist in ihm tatsächlich mehr Raum vorhanden, als man annehmen würde. Spätestens an diesem Punkt wird die Vorstellungskraft überstiegen. Zur Vereinfachung Einsteins größter Leistung gilt es sich diesen Sachverhalt zweidimensional vorzustellen. Der Raum soll durch ein gespanntes Gummituch symbolisiert werden. Legt man nun eine beispielsweise kugelförmige Masse auf dieses Tuch, so wird es sich nach unten ausdehnen. Diese Ausdehnung steht für die Krümmung des Raumes und führt dadurch unmittelbar zu einer Vergrößerung desselben. Die Raumzeit wurde unter Einfluss der kugelförmigen Masse gekrümmt. Die Gravitation ist somit nach der allgemeinen Relativitätstheorie Ursache einer gekrümmten Raumzeit. Fällt ein Körper vom Himmel herab, so fällt er in den Krümmungstrichter der Raumzeit. Je weiter man sich von diesem Trichter entfernt, desto schneller vergeht die Zeit und umso länger werden Körper. Übertragen auf die Erde würde das bedeuten, dass für eine Person, die sich nahe dem Meeresspiegel befindet die Zeit langsamer läuft, als für eine Person, die gerade den Gipfel eines hohen Berges erreicht hat. Diese Vorstellung von einer gekrümmten Raumzeit erlaubt auch die Erklärung der kreisförmigen Umlaufbahnen, wie sie zum Beispiel die ISS um die Erde ausführt. Eigentlich müsste sich die Raumstation geradlinig von der Erde weg bewegen, wird aber von dem beschrieben Krümmungstrichter auf eine Kreisbahn um das Massezentrum der Erde gezwungen. Die Erscheinungen von Krümmungen in Raum und Zeit sind in unserem Sonnensystem jedoch vergleichsweise niedrig, betrachtet man den Ablauf einer Supernova. Sogenannte Supernovae oder gar Hypernovae bezeichnen das Endstadium eines äußerst massereichen Sterns, wenn er seinen Brennstoff aufgebraucht hat. «Er kann sich nicht mehr länger stabil halten. Die eigene Schwerkraft gewinnt die Oberhand und [der Stern] fällt kollapsartig in sich zusammen.»[5] Dies führt zu einer unvorstellbar starken Krümmung der Raumzeit, da die Dichte des Sterns bei diesem Vorgang ins unermessliche steigt. Ist der Stern explodiert, kann der verursachte Krümmungstrichter so groß sein, dass nicht einmal mehr Licht aus ihm entkommen kann. Man spricht von einem schwarzen Loch, dass keinerlei Informationen nach Außen dringen lässt. Auch existieren weder Raum noch Zeit in dem uns bekannten Sinne mehr in einer solchen sogenannten Raum-Zeit-Singularität. Mit dieser stärksten bekannten Krümmung der Raumzeit, soll diese Kapitel abgeschlossen werden und im folgenden experimentelle Belege für die allgemeine Relativitätstheorie gegeben werden.

4.3 Experimentelle Belege

Zuerst soll ein experimenteller Beleg für das Äquivalenzprinzip, die Gleichheit von träger und schwerer Masse, gezeigt werden. Der berühmteste Versuch hierzu wurde von dem ungarischen Physiker *EÖTVÖS* 1909 mittels einer Torsionswaage durchgeführt. Der Versuchsaufbau bestand darin, dass an einem dünnen Faden eine Stange aufgehängt war und an deren Enden jeweils zwei gleich schwere Massen starr fixiert waren. Bei Eötvös handelte es sich hierbei um Kupfer und Blei. Die Massen standen unter dem Einfluss der Schwerkraft und der Zentrifugalkraft, welche durch die Erdrotation hervorgerufen wird. Die Zentrifugalkraft ist proportional zur trägen Masse m_t und die Schwerkraft proportional zur schweren Masse m_s. Sollte die Zentrifugalkraft und somit die träge Masse bei einem der beiden Körper größer sein, so würde die Waage ausgelenkt werden. Die Nullage der Waage wurde bestimmt und dann um 180° gedreht. Sollte bei der zweiten Messung

die momentane Lage von der zuvor ermittelten Nullage abweichen, wäre das Äquivalenzprinzip verletzt. Eötvös bestätigte schließlich das Äquivalenzprinzip mit einer Genauigkeit von 10^{-8}. Es wurden im weiteren Verlauf der Geschichte weitere Versuche dieser
Art durchgeführt, um mit immer höherer Genauigkeit die These zu bestätigen. Erwähnt
werden soll noch der Versuch von Adelberger 1990. Ihm gelang mit verbesserter Ver-
suchsanordnung die Bestätigung des Äquivalenzprinzips mit der Genauigkeit von 10^{-12}.

Ein weiteres wichtiges Experiment bewies 1976 die Zeitdilatation unter Einfluss der
Gravitation. Das Experiment wurde unter dem Namen „Gravity Probe A" bekannt. Bei
diesem Experiment wurde eine äußerst genaue Atomuhr auf etwa 10.000 km Höhe ge-
bracht. Es wurde anschließend der Gang dieser Uhr mit einer baugleich auf der Erde
verglichen. Im Vergleich zur Uhr auf der Erde verging in der Uhr im Orbit messbar
mehr Zeit. Das Ergebnis bewies die gravitativ bedingte Zeitdilatation eindeutig.

Am 20. April 2004 startete eine weitere Mission um die allgemeine Relativitätstheorie zu
überprüfen. Die „Gravity Probe B" soll die Krümmung der Raumzeit zweierlei nachwei-
sen. Zum einen den Einfluss der Masse der Erde auf die Raumzeit und zum anderen den
1918 entdeckten „Lense-Thirring-Effekt", der eine Verdrillung der Raumzeit durch die
Rotation einer Masse, in diesem Fall die Erde, voraussagt. Diese beiden Thesen sollten
mit einem eigens für die Mission entwickeltem Gyroskop (Kreisel)- Experiment Bestätigung finden. Die Neigungen der Kreisel wurde aufs genauste Untersucht und selbst enorm
kleine Abweichungen festgestellt. Bereits am 29. September 2005 wurden die Messungen abgeschlossen und die gewonnenen Daten analysiert. Aufgrund von unvorhergesehen
Fehlern wurden die Ergebnisse allerdings verfälscht. Es dauert fast drei Jahre, bis diese
Fehler aus den Messdaten eliminiert werden konnten. Im Abschlussbericht vom 2.Mai
2009 wurde vermerkt, dass beide Vorhersagen experimentell bestätigt werden könnten.
Die allgemeine Relativitätstheorie erfuhr damit einen weiteren, wichtigen, experimentel-
len Beweis.[6] Ebenso wird über eine mögliche weitere Mission namens „Gravity Probe C"
nachgedacht, welche die vorausgesagten Auswirkungen der gravitomagnetischen Effekte
bestätigen soll.

5 Zusammenfassung

Unumstritten kann festgestellt werden, dass die Relativitätstheorien Einsteins einen wesentlichen, wenn nicht gar dominierenden Einfluss auf das Wesen der heutigen Physik haben. Das immer noch Experimente unternommen werden, um die Gültigkeit der Theorien Einsteins zu überprüfen, zeigt wiederum deren Aktualität. Auch wenn die Phänomene der Zeitdilatation und Längenkontraktion, welche in der speziellen Relativitätstheorie erklärt wurden, im Alltag kaum Auswirkungen zeigen, so sind sie doch im Teilchenbereich durchaus spürbar und ermöglichen überhaupt das Leben, so wie wir es kennen. Würden beispielsweise die Auswirkungen der Zeitdilatation nur um einen winzigen Faktor geringer sein, so würde dies zu erheblich verkürzten Lebenszeiten von Atomen führen. Dies wiederum hätte zur Folge, dass jegliche Materie und alles Leben ebenso einer kürzeren Existenz unterworfen wären. Ähnlich verhält es sich mit den Postulaten Einsteins, dass nichts die Geschwindigkeit des Lichts übertreffen kann. Eingangs wurde die Frage formuliert, was passieren würden, wenn man sich mit Lichtgeschwindigkeit oder gar noch schneller bewegen würde. Alle Informationen die wir wahrnehmen, basieren auf der Emission von Strahlung oder Licht. Als Gegenwart nehmen wir alles wahr, was uns in einem Augenblick an Informationen erreicht. So ist aber das Licht, welches wir von der Sonne erhalten bereits 8 Minuten alt. Wir sehen also im gewissen Maße die Vergangenheit. Extremer wirkt sich dies bei viel weiter entfernten Informationsquellen aus. Die Information, dass ein 13 Milliarden Lichtjahre entfernter Stern erlischt käme erst, selbst wenn die Information ungehindert und mit absoluter Lichtgeschwindigkeit sich ausbreitet, 13 Milliarden Jahre nach dem eigentlichen Ereignis bei uns an. Dass dies eine unvorstellbar große Zeitspanne ist steht außer Frage. Da für unser Sonnensystem eine Lebensdauer von *nur* 10 Milliarden Jahren geschätzt wird, benötige die Information länger, als unser Sonnensystem überhaupt existieren kann. Licht ist also unser Maß für Zeit. Jetzt stelle man sich vor, man entferne sich mit Lichtgeschwindigkeit von der Erde. Es würde während dieser Bewegung keine Zeit vergehen. Würde man sich noch schneller bewegen, so würde sich die Zeit rückwärts drehen und man selbst in die Vergangenheit des Universums reisen. Dies ist nach Einstein in keinem Fall möglich. Ein weiterer Knackpunkt ist die postulierte Äquivalenz von Masse und Energie, nach deren Bestätigung im CERN eifrig gesucht wird. Sollte es gelingen nach der Gleichung $E = mc^2$ Masse in Energie umzuwandeln, dann wäre das Energieproblem der Menschheit wohl weitestgehend als gelöst zu betrachten. Interessant ist ebenso die Umkehrung und Vorstellung, Energie in beliebige Masse umwandeln zu können. Unter anderem treiben diese Gedanken heute die Forscher an, den Ursprung der Masse zu finden und Einsteins Theorien entweder zu belegen oder zu widerlegen.

Alles in allem bieten die Relativitätstheorien Einsteins ausstreichend Stoff, sowohl für weiterführende praktische Experimente, als auch für theoretische Überlegungen über die Entstehung und den Werdegang des Universums. Einstein selbst bevorzugte jedoch das Gebiet der theoretische Physik und schaffte es dennoch praktische Erscheinungen exakt vorauszusagen.

6 Literaturverzeichnis

Kapitel 1 - Einleitung

1 B. Bryson: Eine kurze Geschichte von fast allem, S. 157, Goldmann-Verlag,
9. Auflage 2005, ISBN 978-3-442-46071-7

2 Nature »Physics from Inside« 12.07.2001, S. 121

3 Internet [abgerufen am 29.07.2010 15.00 Uhr] Einstein-Online

Kapitel 2 - Vorstellungen von Raum und Zeit

1 Internet [abgerufen am 29.07.2010 14.40 Uhr] Wikipedia - Newtonsche Gesetze

2 J. Grehn: Metzler Physik, S. 47, Metzler-Verlag, 2. Auflage 1992,
ISBN 3-8156-5209-X

3 Internet [abgerufen am 29.07.2010 17.00 Uhr] Leifi - Inertialsystem

4 Internet [abgerufen am 30.07.2010 19.00 Uhr] Calsky - Galilei-Transformation

5 Internet [abgerufen am 04.08.2010 11.00 Uhr] Michelson-Versuch - Mahag

6 J. Grehn: Metzler Physik, S. 333, Metzler-Verlag, 2. Auflage 1992,

7 Internet [abgerufen am 04.08.2010 15.30 Uhr] Michelson-Versuch - Wikipedia

8 Internet [abgerufen am 18.10.2010 16.30 Uhr] Uni-Tübingen - Michelson

9 J. Grehn: Metzler Physik, S. 333 Abb. 8-2, Metzler-Verlag, 2. Auflage 1992

Kapitel 3 - Die spezielle Relativitätstheorie

1 Internet [abgerufen am 14.08.2010 15.00 Uhr] relative Gleichzeitigkeit

2 J. Grehn: Metzler Physik, S. 335, Metzler-Verlag, 2. Auflage 1992

3 J. Grehn: Metzler Physik, S. 336 Abb. 8-6, Metzler-Verlag, 2. Auflage 1992

4 J. Grehn: Metzler Physik, S. 336 Abb. 8-5, Metzler-Verlag, 2. Auflage 1992

5 B. Diehl: Physik Oberstufe Gesamtband, S. 430 Abb. 430.1, Cornelsen-Verlag, 1. Auflage 2008, ISBN 978-3-06-013008-5

6 J. Grehn: Metzler Physik, S. 338, Metzler-Verlag, 2. Auflage 1992

7 Internet [abgerufen am 04.09.2010 14.00 Uhr] - *sinnliches Zitat* - Leifi - Relativistische Effekte

8 J. Grehn: Metzler Physik, S. 340, Metzler-Verlag, 2. Auflage 1992

9 J. Grehn: Metzler Physik, S. 352, Abb. 8-24, Metzler-Verlag, 2. Auflage 1992

10 J. Grehn: Metzler Physik, S. 353, Definition relativistische Massenzunahme, Metzler-Verlag, 2. Auflage 1992

11 B. Bryson: Eine kurze Geschichte von fast allem, S. 159/160, Goldmann-Verlag,

Kapitel 4 - Die allgemeine Relativitätstheorie

2 B. Diehl Physik Oberstufe Gesamtband, S. 444/445, Cornelsen-Verlag

1 Internet [abgerufen am 06.10.2010 12.45 Uhr] Gravity-field-lines

3 B. Diehl Physik Oberstufe Gesamtband, S. 443 Abb. 466.2, Cornelsen-Verlag

4 Internet [abgerufen am 08.10.2010 18.25 Uhr] Hat ein Photon eine Masse?

5 Internet [abgerufen am 08.10.2010 19.00 Uhr] Supernova

6 Internet [abgerufen am 08.10.2010 19.00 Uhr] Gravity Probe-B

7 Anhang

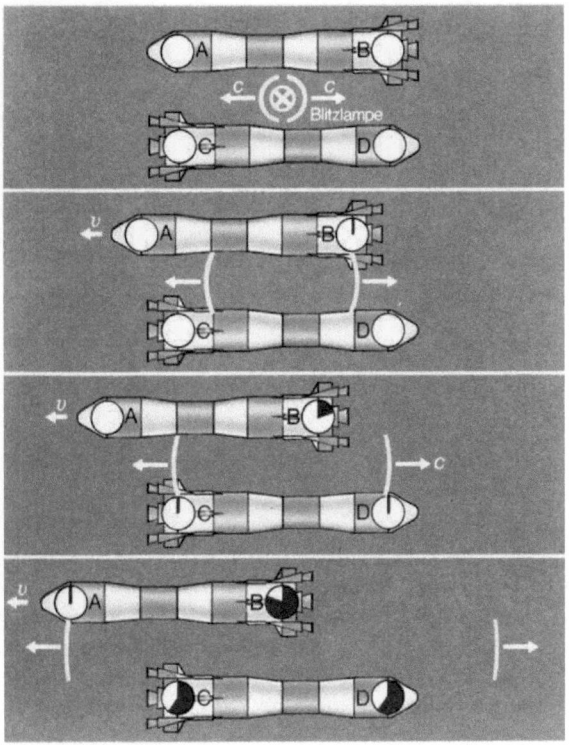

Abbildung 3.1.1: Zwei Raketen fliegen mit der Relativgeschwindigkeit $0,5\ c$ aneinander vorbei. Begegnen sich die Raketenmitten, so soll dort eine Blitzlampe gezündet werden. Aus der Sicht der unteren Rakete erreichen die Lichtsignale die Uhren C und D gleichzeitig. Uhr B wird dagegen früher und Uhr A später erreicht.
Bildquelle im Literaturverzeichnis [3-3]

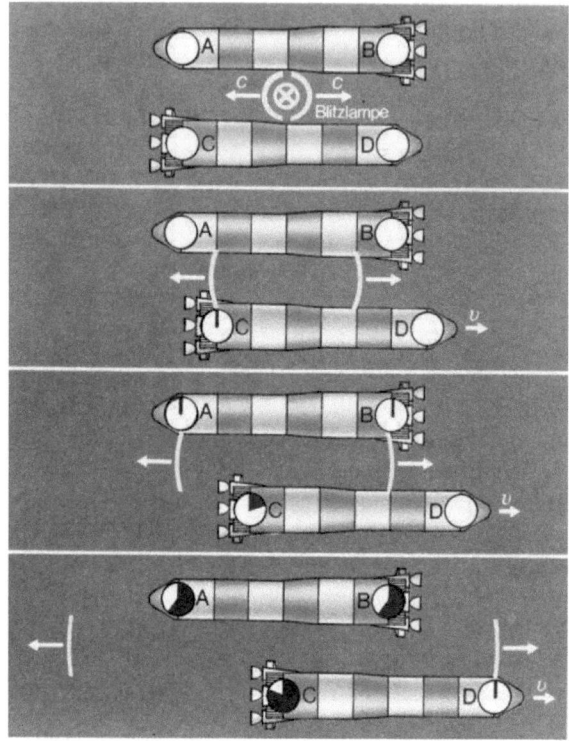

Abbildung 3.1.2: Zwei Raketen fliegen mit der Relativgeschwindigkeit $0,5\,c$ aneinander vorbei. Begegnen sich die Raketenmitten, so soll dort eine Blitzlampe gezündet werden. Aus der Sicht der oberen Rakete erreichen die Lichtsignale die Uhren A und B gleichzeitig. Uhr C wird dagegen früher und Uhr D später erreicht.
Bildquelle im Literaturverzeichnis [3-4]

34

$$
\begin{aligned}
(c\Delta t) &= (c\Delta t')^2 + (v\Delta t)^2 & &| -(v\Delta t)^2 \\
(c\Delta t')^2 &= (c\Delta t)^2 - (v\Delta t)^2 & &| \, Umformen \\
c^2\Delta t'^2 &= c^2\Delta t^2 - v^2\Delta t^2 & &| : c^2 \\
\Delta t'^2 &= \Delta t^2 - \frac{v^2\Delta t^2}{c^2} & &| \, Ausklammern \\
\Delta t'^2 &= \Delta t^2 \times (1 - \frac{v^2}{c^2}) & &| \sqrt{} \\
\Delta t' &= \Delta t \times \sqrt{1 - (\frac{v^2}{c^2})}
\end{aligned}
$$

Abbildung 3.2.2: Herleitung der Gleichung der Zeitdilatation